这套书送给
魏嘉、倍嘉、
镜嘉和所有
爱大自然的
孩子！ 加撒沙

家门外的自然课系列

［俄罗斯］撒 沙 著
何慧颖
［俄罗斯］撒 沙 绘
张国一 科学指导

看!蜗牛

◎ 山东科学技术出版社
·济南·

一条腿的动物

蜗牛，我们经常能见到。它的身体是一个软软的长条，上面还背着漂亮的壳。

它没有骨骼，没有四肢，只是靠着腹部肌肉的蠕动来行走，所以，科学家把它归入"腹足纲"。从这个意义上来讲，它是只有一条腿的动物。

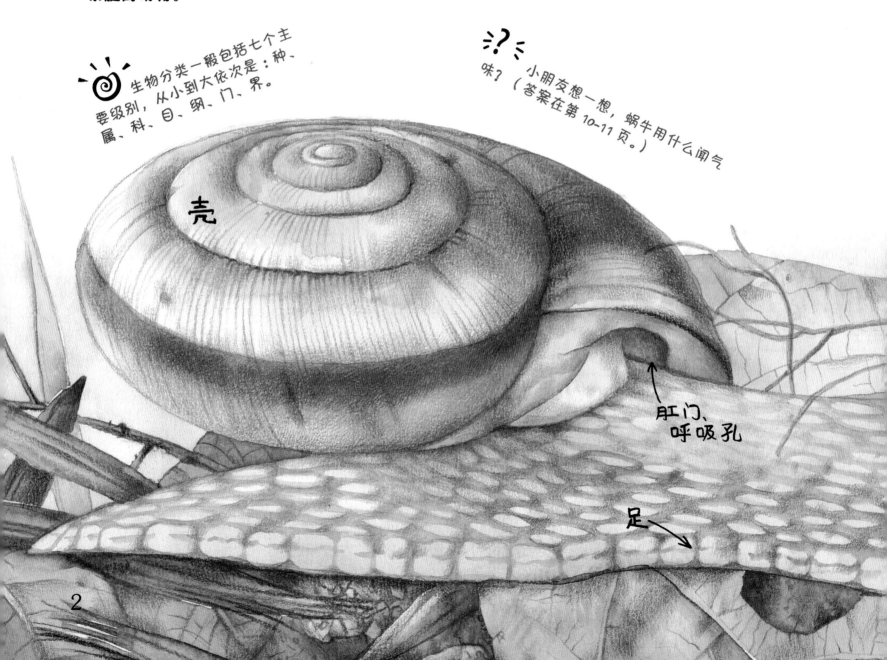

生物分类一般包括七个主要级别，从小到大依次是：种、属、科、目、纲、门、界。

咪？小朋友想一想，蜗牛用什么闻气味？（答案在第10-11页。）

壳

肛门、呼吸孔

足

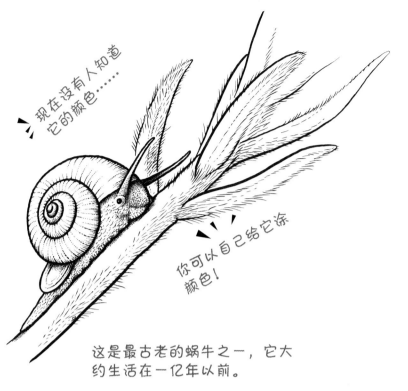

现在没有人知道它的颜色……

你可以自己给它涂颜色！

这是最古老的蜗牛之一，它大约生活在一亿年以前。

腹足纲动物，除了蜗牛，最常见的就是水生的各种螺类。在英语中，所有腹足纲的软体动物都被叫作"snail"，而在汉语中，通常只有一些在陆地生活的腹足纲动物被称作"蜗牛"。

腹足纲动物是地球生物的老前辈了，它们出现得比恐龙还要早。和大部分生物一样，那时候它们在海里生活。

眼

生殖孔

我喜欢暖湿的环境，生活在绿草丛中或者一些矮小的植物上。

我爱吃植物的叶子。还有一些蜗牛爱吃蘑菇或者别的蜗牛！

蜗牛的大家庭

蜗牛的种类有很多，大约 25 000 种，遍及世界各地，在我国就有几千种。

有些蜗牛长得很像水生螺，连它们的名字里都带着"螺"字。比如，针管螺、细钻螺，但是，它们真的是蜗牛！还有一种我们俗称"鼻涕虫"的动物，学名是蛞蝓。它看起来就像脱了壳的蜗牛。其实，它是有壳的，只是悄悄把壳藏在了外套膜底下。

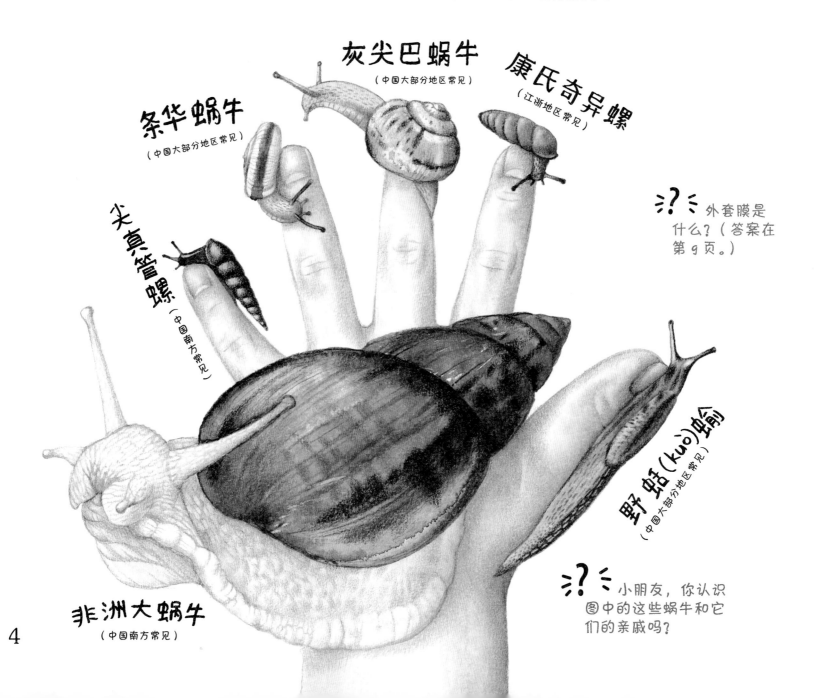

灰尖巴蜗牛
（中国大部分地区常见）

条华蜗牛
（中国大部分地区常见）

康氏奇异螺
（江浙地区常见）

尖真管螺（中国南方常见）

野蛞（kuò）蝓
（中国大部分地区常见）

非洲大蜗牛
（中国南方常见）

外套膜是什么？（答案在第9页。）

小朋友，你认识图中的这些蜗牛和它们的亲戚吗？

4

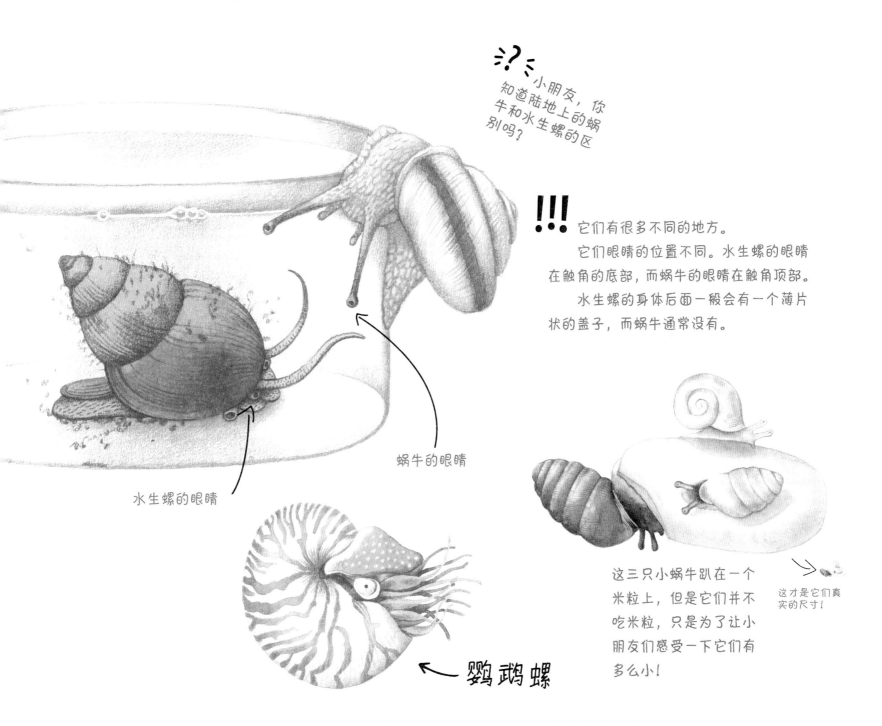

小朋友，你知道陆地上的蜗牛和水生螺的区别吗？

‼️ 它们有很多不同的地方。

它们眼睛的位置不同。水生螺的眼睛在触角的底部，而蜗牛的眼睛在触角顶部。

水生螺的身体后面一般会有一个薄片状的盖子，而蜗牛通常没有。

蜗牛的眼睛

水生螺的眼睛

这三只小蜗牛趴在一个米粒上，但是它们并不吃米粒，只是为了让小朋友们感受一下它们有多么小！

这才是它们真实的尺寸！

← 鹦鹉螺

大部分水里长得像螺的动物都是蜗牛的亲戚，它们同属于腹足纲。但也有例外，比如鹦鹉螺。别看它长得很像螺，其实，它属于头足纲。它靠充气的壳室在水中游泳，有时又用漏斗喷水的方式"激流勇退"。要论亲缘关系，它和章鱼、乌贼应该更近一些。

5

自然为什么需要蜗牛？

大多数蜗牛喜欢吃植物的茎、叶，这会对植物造成破坏，所以很多农民不喜欢蜗牛。可是，你知道吗？在自然界里，蜗牛是一种很重要的生物呢！

可怜的蜗牛也是很多动物的点心。不用说鸡、鸭、鸟、蟾蜍、龟、蛇、刺猬之类的了，就在小小的萤火虫眼里，蜗牛都是不可多得的美食。为了吃着方便，有的萤火虫甚至直接在蜗牛的身体里产卵！

有些蜗牛也成了人类餐桌上的美食。著名的法式焗（jū）蜗牛的主要食材就是白玉蜗牛、葡萄蜗牛、哈利克斯蜗牛等。

蜗牛还是不可多得的药材，有清热、解毒、消肿的功效。

蜗牛的空壳还可以成为很多小动物的家。

石蛾幼虫

石蛾幼虫用蜗牛的空壳为自己做了一件漂亮的大衣！

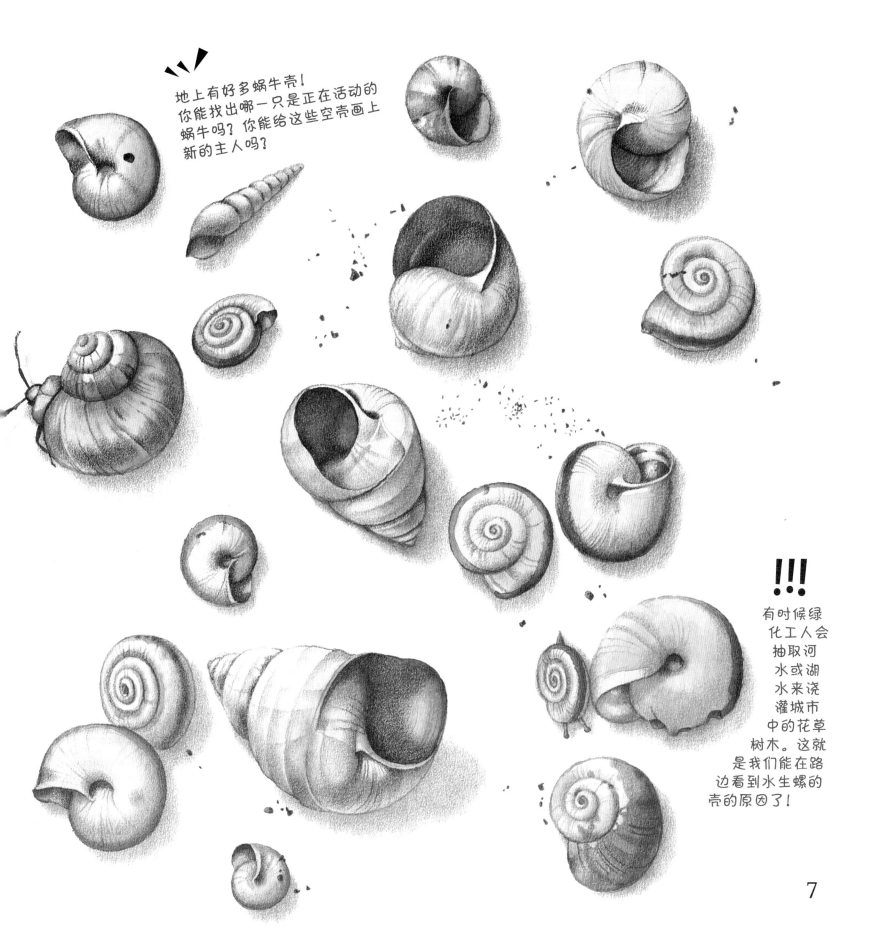

地上有好多蜗牛壳!
你能找出哪一只是正在活动的
蜗牛吗?你能给这些空壳画上
新的主人吗?

!!!

有时候绿
化工人会
抽取河
水或湖
水来浇
灌城市
中的花草
树木。这就
是我们能在路
边看到水生螺的
壳的原因了!

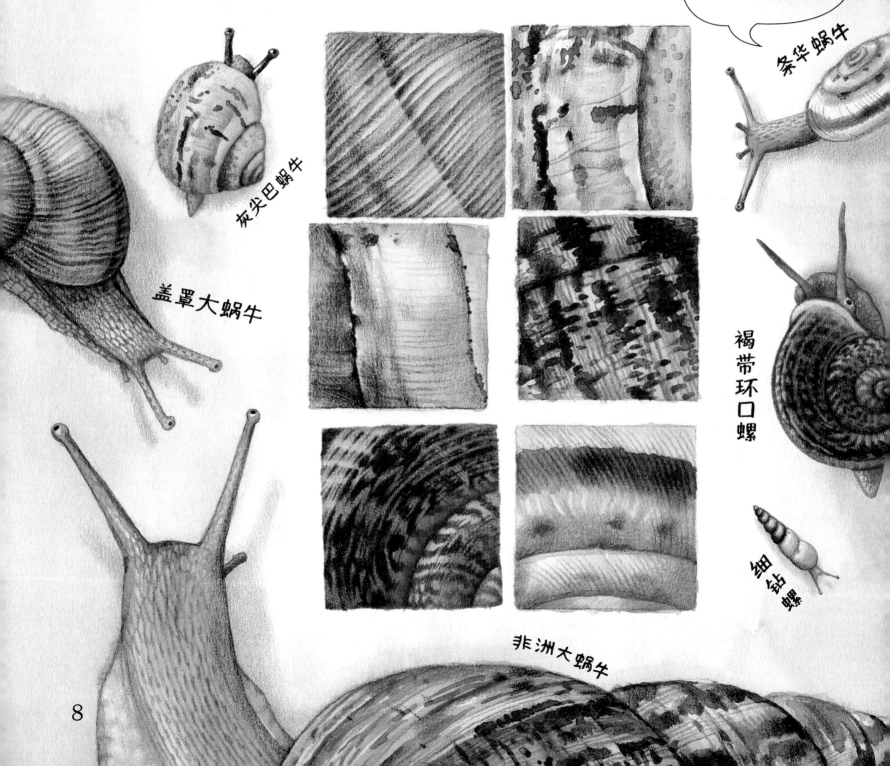

蜗牛需要经常摄入一些含钙的食物，这样会让它的壳长得坚硬漂亮。如果你在家养蜗牛，可以在它的食物中加入蛋壳粉。

我的壳很漂亮！请你对比一下：图中的不同花纹分别是哪一种蜗牛的？能找到我的花纹么？

条华蜗牛

灰尖巴蜗牛

盖罩大蜗牛

褐带环口螺

细钻螺

非洲大蜗牛

背上的小房子

　　蜗牛一孵出来就有壳，离开壳，蜗牛就没法生存。壳会随着蜗牛一起长大。遇到危险，蜗牛会把身体缩进壳内。冬天的时候，蜗牛也会缩回壳内，用黏液封上出口，这样就能抵御严寒。所以，用手拿蜗牛时你一定要小心，千万不要捏碎它的壳啊！

　　壳里面有什么呢？主要是内脏团和外套膜。内脏团是什么不用说了，外套膜这层东西对蜗牛来讲可是非常重要。它不仅可以包住蜗牛柔软的身体，起保护作用，而且，蜗牛的壳就是它分泌出来的。这种分泌物不是细胞，你完全可以把它当成一种石头。那这种像石头一样的东西怎么会长大呢？原来，随着蜗牛的身体不断变大，外套膜的分泌物会在壳边缘重新堆积，壳也就一圈一圈变大了。

小朋友，你知道蜗牛怎么吃饭吗？它有没有牙齿？（答案在第 12-13 页。）

在这儿你能看到蜗牛的心跳。

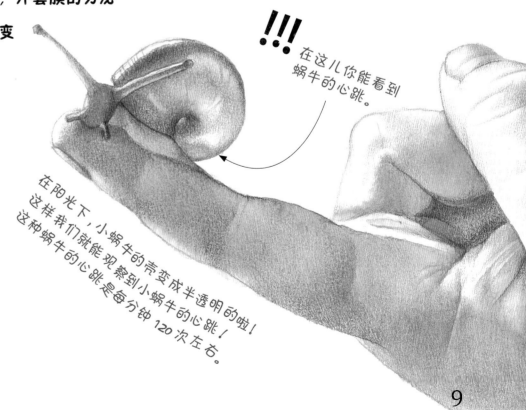

在阳光下，小蜗牛的壳变成半透明的啦！这样我们就能观察到小蜗牛的心跳。这种蜗牛的心跳是每分钟 120 次左右。

9

蜗牛的感觉器官

蜗牛主要靠两对触角来感知周围的世界。两对触角一对长，一对短。长触角的顶端各长一只眼，虽然视力不大好，但是可以感觉出光线的明暗。蜗牛爬行的时候，两对触角不停地摆动，打探四周的环境，一旦遇到危险，触角就会迅速缩回去。想吃东西的时候，蜗牛也是先用触角来闻味道，辨别是不是它喜欢的食物。

蜗牛眼中的世界是模糊的，它看到的色彩也比较单调，只有黑、黄两种色调。

小朋友，如果这三幅小图是蜗牛眼里的世界，你能分辨出它们分别是下面大图的哪些部分吗？

在我长触角的顶端有一个小黑点，这便是我的眼睛。由于结构简单，我只能感受光线的变化，无法像你们一样看到清晰的物像。

10

蜗牛用来呼吸的"眼儿"
是在另一个位置：
在壳的下面。
（在第 2-3 页就能看到。）
当我们观察蜗牛的时候，
会发现这个"眼儿"
有时候开，有时候关。

蜗牛可能
听不到声音！
目前科学家还
没有找到它的
听觉器官。

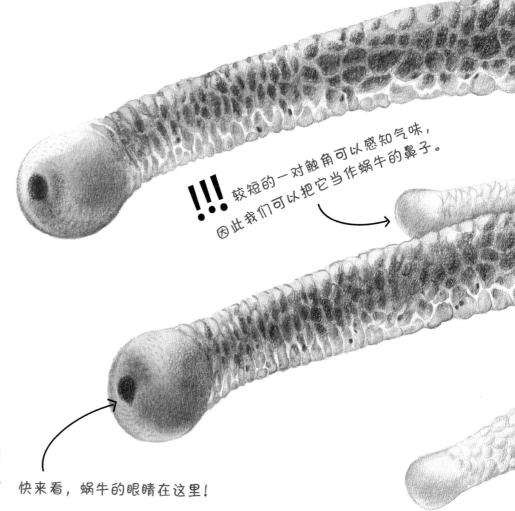

!!! 较短的一对触角可以感知气味，因此我们可以把它当作蜗牛的鼻子。

!!! 快来看，蜗牛的眼睛在这里！

11

牙齿最多的动物

蜗牛是世界上牙齿最多的动物，

虽然嘴巴很小，

却有两万多颗牙齿！

它的牙齿特别小，

密密麻麻地长在舌头上，

可以用来刮取并磨碎食物。

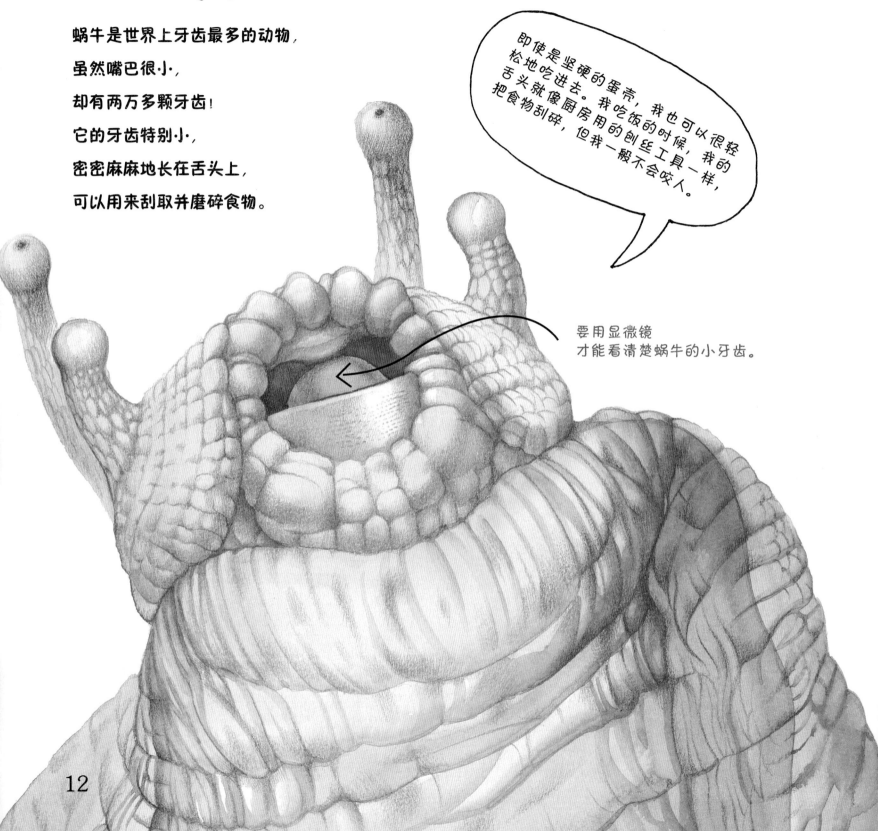

即使是坚硬的蛋壳，我也可以很轻松地吃进去。我吃饭的时候，我的舌头就像厨房用的刨丝工具一样，把食物刮碎，但我一般不会咬人。

要用显微镜
才能看清楚蜗牛的小牙齿。

12

放大后的蜗牛牙齿就是这个样子啦！它们整齐地排成一排一排的，如果哪颗牙齿坏掉了，马上会有新的长出来。

 下面这三种动物是狗、海豚和鳄鱼的。
你能不能找一找、连一连，哪一种牙齿是谁的？

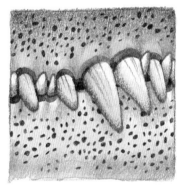
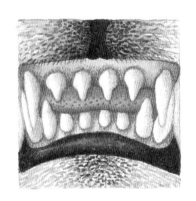
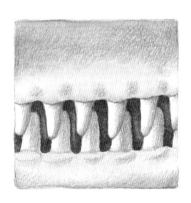

我只有42颗牙齿。可是我会啃骨头！

我是牙齿最多的哺乳动物，大约有200颗牙齿。

我是牙齿最多的爬行动物，大约有80颗尖牙。

13

蜗牛能成为你的小宠物

蜗牛很容易饲养。土盆、陶钵、瓷罐、木箱等都可以成为蜗牛的家。但为了方便观赏，你不妨选择一种透明的容器。容器最好大一些，因为底部需要放置6-8厘米厚的饲养土，而且，蜗牛和小朋友一样，也需要散步！不要选择纸质容器哦，那会很快被蜗牛咬成碎屑的！

蜗牛喜欢跟自己的同伴在一起。所以，不妨多养几只。

小朋友，你能数一数图中有几只蜗牛吗？如果数不清，可以数一数它们的壳。

14

不同的蜗牛，喜欢吃的食物也不同。如果你不知道它喜欢吃什么，可以先给它多放几种植物类的食物，然后仔细观察它喜欢什么。蜗牛不能吃带糖和盐的食物。吃了以后会死掉。

容器上方要有盖子，防止蜗牛爬出来，或者受到天敌的侵害。盖子上要有足够的透气孔，保证蜗牛可以畅快地呼吸。容器内要放进水槽和食物盆，并及时清除残余食物、粪便和其他脏东西。

蜗牛最怕干燥，如果环境不够湿润，要及时向容器内喷水，这一点很重要。蜗牛的家也不能有太多的水。因为这种蜗牛不会游泳，在水里会淹死。

!!! 蜗牛身上有细菌，
但是不能用肥皂给它洗澡！
那样蜗牛会死掉的！
如果你碰过蜗牛，
一定要记得把手洗干净！
也不要让蜗牛在家里随便爬哦！
其实，大自然才是蜗牛最喜欢的家！
如果你把蜗牛从外面带回家养，
观察几天，
一定要记得再把它们放回大自然，
它们会很开心的！

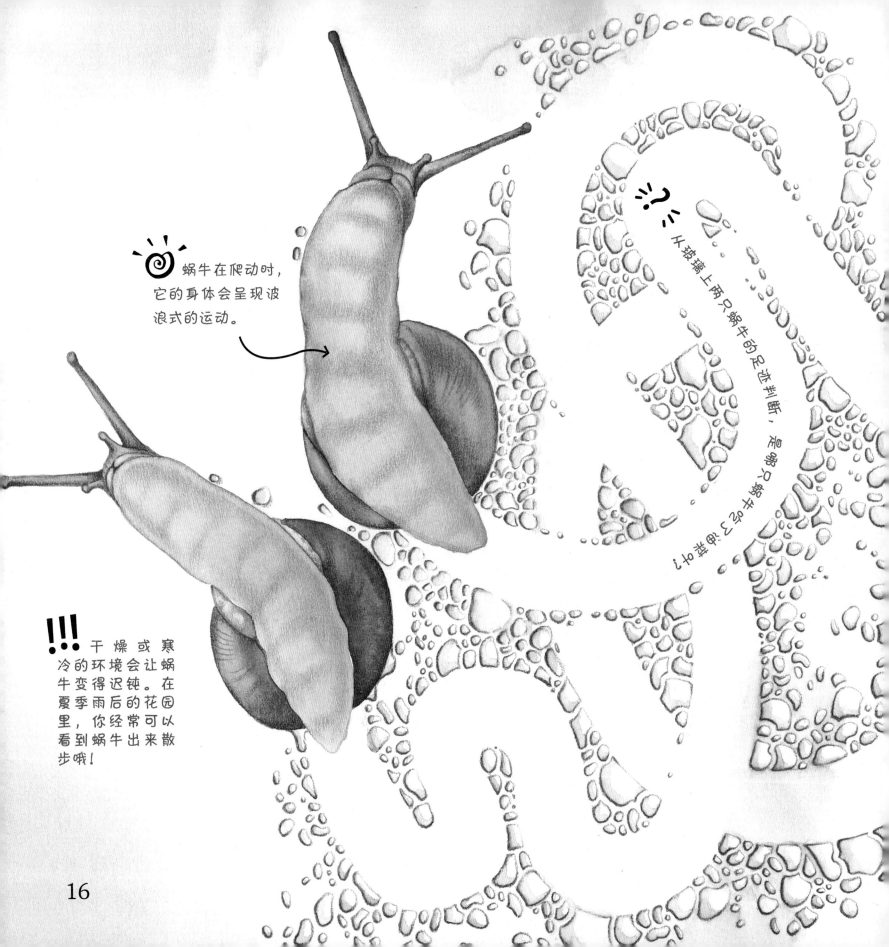

蜗牛在爬动时，它的身体会呈现波浪式的运动。

!!! 干燥或寒冷的环境会让蜗牛变得迟钝。在夏季雨后的花园里，你经常可以看到蜗牛出来散步哦！

从玻璃上两只蜗牛的足迹判断，是哪只蜗牛爬了3格楼呢？

蜗牛的速度

蜗牛慢吞吞的样子在自然界是非常出名的。蜗牛最快的速度通常是每分钟爬10厘米左右，或者更慢。

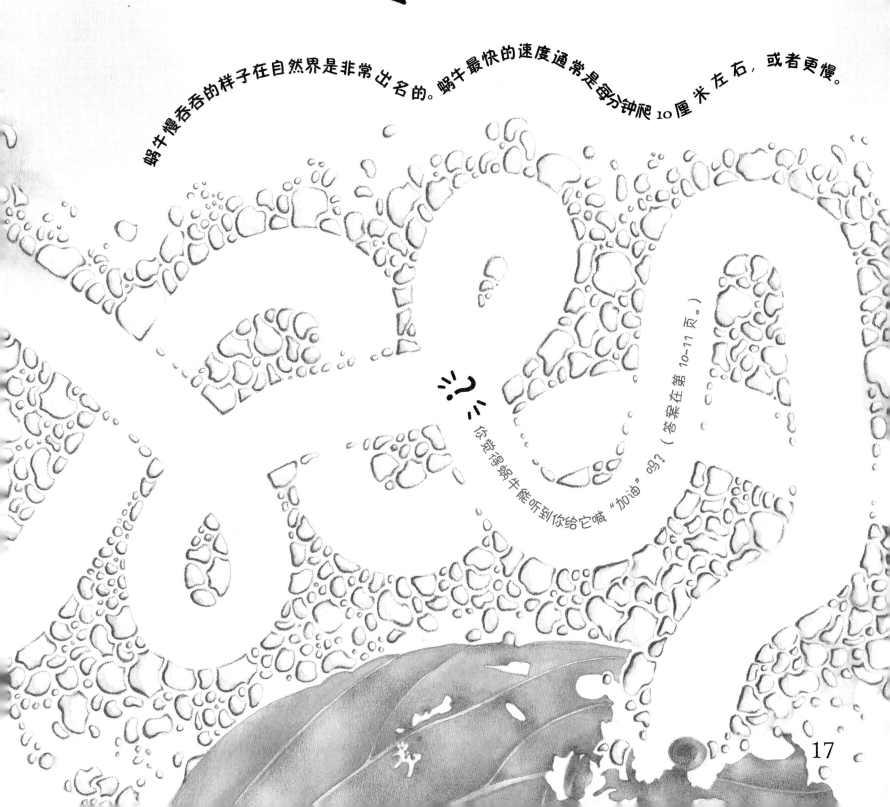

你觉得蜗牛能听到你给它喊"加油"吗？（答案在第10~11页。）

17

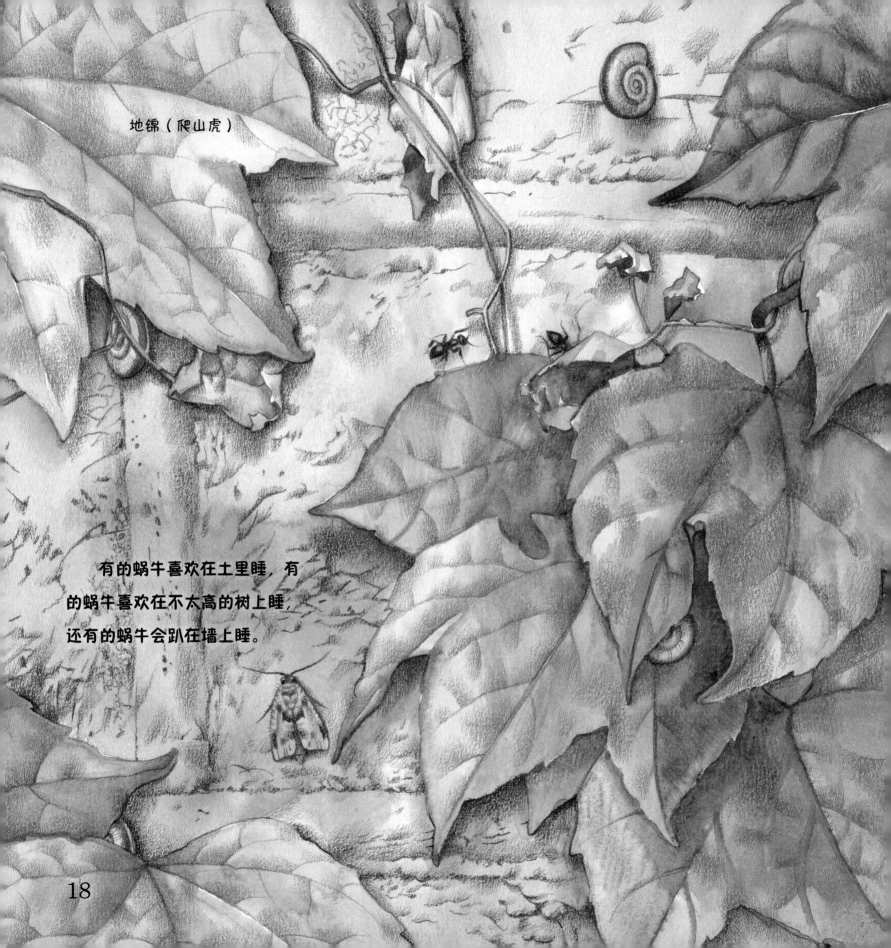

地锦（爬山虎）

有的蜗牛喜欢在土里睡，有的蜗牛喜欢在不太高的树上睡，还有的蜗牛会趴在墙上睡。

18

蜗牛怎么睡觉？

蜗牛一般在白天睡觉。有时候，它是因为累了，想找个安静的地方休息。这时候，它不一定会把身体全部缩进壳里去，很可能眼睛就在外面露着。更多的时候，它是因为周围的环境而不得不睡觉。蜗牛喜欢在阴暗、潮湿、隐蔽的环境里活动。外面太干、太冷、太热、太阳太凶的时候，它就会把身体完全缩进壳里，用睡眠来保护自己，等到天气凉爽宜人、下点小雨或者夜幕降临的时候，再出来溜达。

? 小朋友，你能找出图中七只正在睡觉的蜗牛吗？

这样的蜗牛不一定是死的，也可能正在睡觉哦！

我完全缩进壳里睡觉的时候，一般会分泌黏液，堵住壳口，保护自己。

19

蜗牛的"脚印"

蜗牛爬过的地方总会留下一条长长的"黏液线"。 这能避免它的身体直接与地面摩擦而受伤，并有利于爬行。这条"黏液线"就是蜗牛的"脚印"。

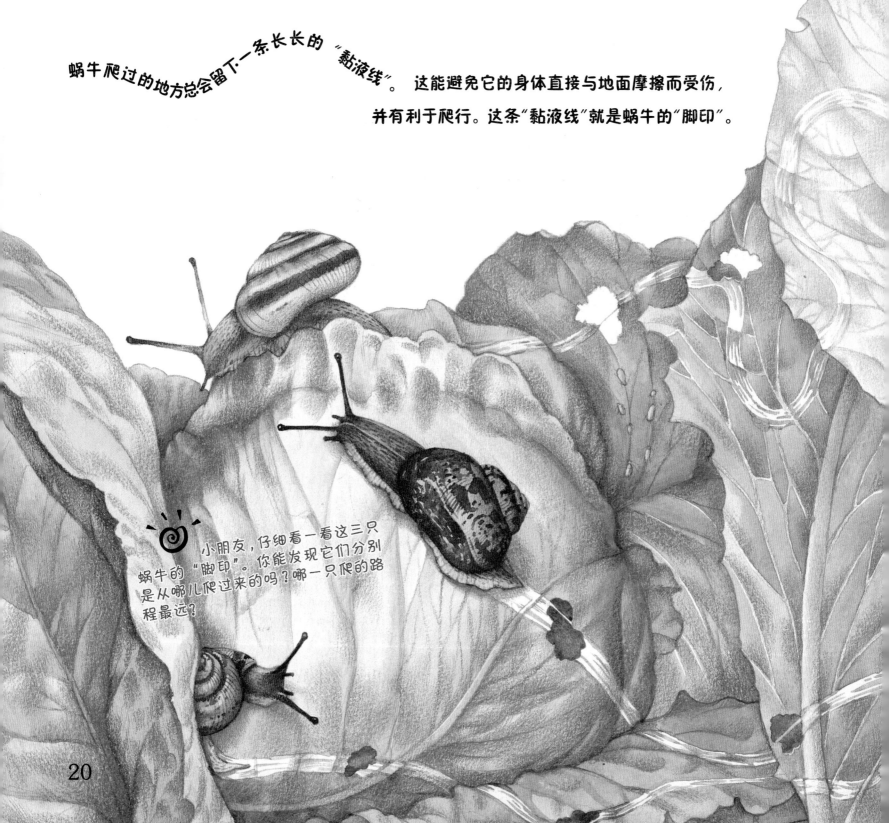

小朋友，仔细看一看这三只蜗牛的"脚印"。你能发现它们分别是从哪儿爬过来的吗？哪一只爬的路程最远？

蜗牛宝宝诞生记

蜗牛是没有性别的，每一只蜗牛既是男孩又是女孩，长大以后每一只蜗牛都会生宝宝。刚怀孕的蜗牛过几天就能生宝宝了。蜗牛妈妈会找个安静的地方产卵，它一般会在土里面挖一个坑。把卵产在坑里后，用土和叶子盖好就离开。

大约20天后，蜗牛宝宝就能从卵里面钻出来。卵壳是它们的第一顿饭。吃完后它们就爬到地面上开始自由的生活。蜗牛妈妈产的卵里面有很多是空的，一方面是为了小宝宝出生以后可以把空的卵当食物，另一方面，是为了如果别的动物来吃卵，不一定会吃到蜗牛宝宝。

!!! 你知道吗？有一些蜗牛直接生出小宝宝，那是因为它们的卵已经在身体内孵化了。

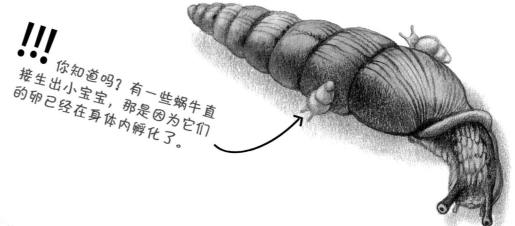

小朋友，这些蜗牛宝宝是五个妈妈生的。它们的颜色和壳的形状与妈妈相同。你能用线把每一家的宝宝连起来吗？

23

?　小朋友，请你看看图，说一说哪些东西对蜗牛来说是危险的？再想一想哪些情况对你来说也是危险的？

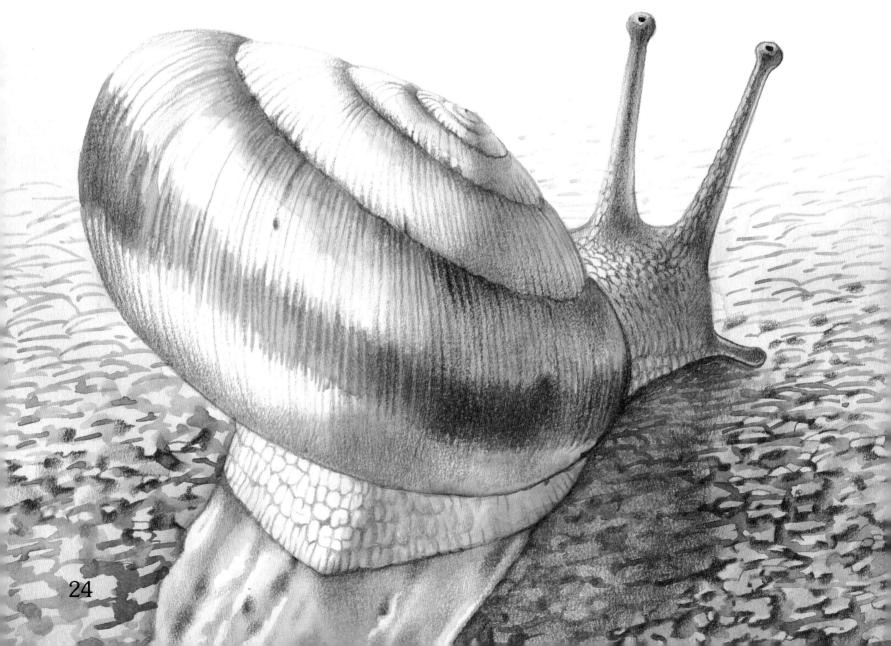

24

当蜗牛不容易

　　大多数蜗牛能活 3-7 年。我们中国北方常见的条华蜗牛只能活 2 年左右。在这些年里，它们可能还会被别的动物吃掉，被我们踩伤，或者，因为生活环境被破坏而提前死亡。

　　蜗牛的视力很差，爬得很慢，它们的壳也很脆弱。城市里的蜗牛往往不会活太久，它们每天都会遇到各种危险。生活在陆地上的蜗牛也不会游泳，它们掉进水里就会被淹死。

蜗牛与我们

蜗牛性情温和，是吸引我们亲近大自然的小精灵。很多小朋友都喜欢观察蜗牛。小朋友们还可以收集各种各样漂亮的蜗牛壳，把它们当成自己的收藏品。

蜗牛在各种文化中的象征意义也不相同。在中国，蜗牛是慢吞吞的象征，而在西欧，蜗牛寓意顽强和坚持不懈。有的民族还根据蜗牛的行动来预测天气。比如，芬兰人认为，如果蜗牛的触角伸得很长，第二天就会是个大晴天。

!!! 如果你发现蜗牛大片死亡，那就要对周边的环境状况高度警惕了！

冬青卫矛（大叶黄杨）

26

你能找出藏在叶子中的蜗牛吗？有多少只？

我是小小科学家

并且可以把每一种壳是在哪儿发现的记在标签上。

小朋友，你可以找个盒子盛放自己收藏的空蜗牛壳，注意它们的区别。

看看壳的口：它是什么形状的？

你要看看壳的形状：尖不尖？扁不扁？长不长？

看看反面中间有没有小洞？

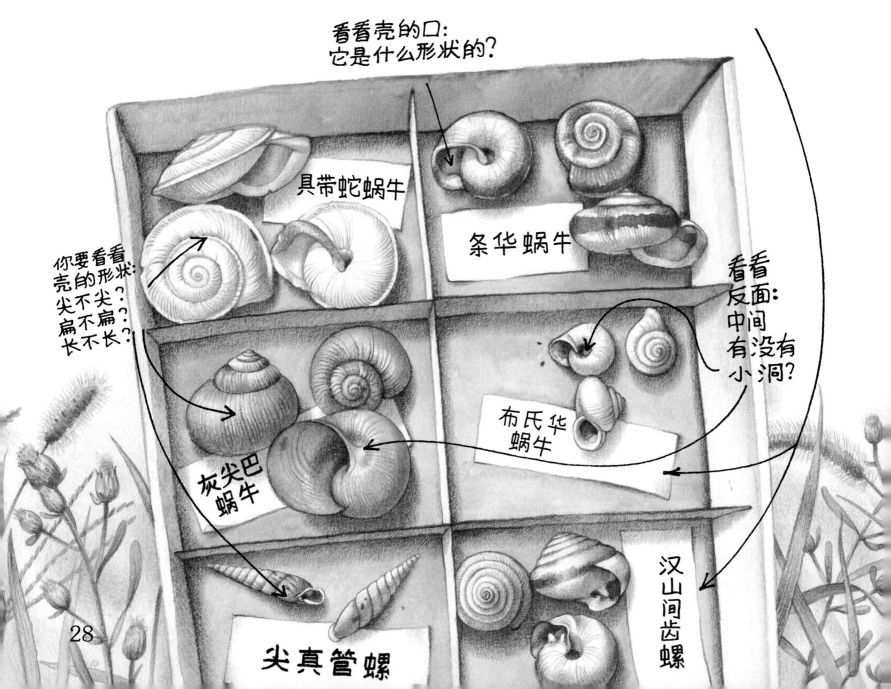

具带蛇蜗牛

条华蜗牛

灰尖巴蜗牛

布氏华蜗牛

尖真管螺

汉山间齿螺

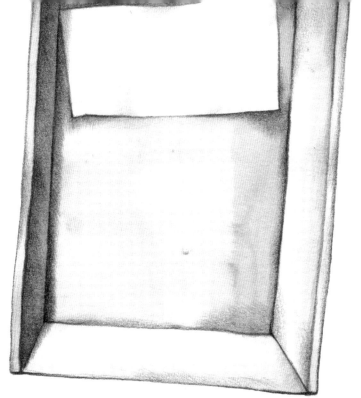

!!!
要想成为科学家，
首先要学会保护自然，
不能为了收藏而伤害生物！

?
小朋友，你可以在这里画上你最喜欢的蜗牛壳，并写上发现蜗牛壳的地点。

小朋友，你现在已经知道了睡觉的蜗牛和空蜗牛壳的区别，记得一定要收藏空的、已经没有蜗牛的蜗牛壳。而且，空蜗牛壳拿回家以后一定要用肥皂洗一洗，也别忘了洗一洗自己的手哦！

另外，在收集蜗牛壳时，最好有爸爸妈妈在身边。

牛筋草

狗尾草

香丝草

画眉草

29

撒 沙

科学艺术家
科普书作家
圣彼得堡国立艺术学院艺术学博士
莫斯科大学古生物学在读硕士

　　我出生在圣波得堡，虽然平时都在大城市生活，但是每年的暑假我和弟弟都是在姥姥家度过的，姥姥家就在大森林旁边。在那里我们常常能发现各种各样的小动物。有时候我们也会做一些对小动物来说是很可怕的事情。有一次我们正在追打一只大蜘蛛，正好有个朋友来了，说："你们不要打蜘蛛，它们也是生命！"这句话对我们的影响非常大，从那以后，我们再也没折磨过小动物。现在我和弟弟都已经有了自己的孩子，我们都非常重视对孩子的教育。告诉孩子们小草、大树、小虫子、蜗牛、鸟等都是大自然家庭的一员，教育他们要爱护大自然！我希望这套《家门外的自然课》系列图书能让小朋友们和我的孩子一样，学会喜欢和保护大自然！

撒 沙

撒沙对于这套书的创作是从这个笔记本开始的，上面密密麻麻记录了她认为对于孩子而言有趣的知识点，通常是用俄语、汉语、英语三种语言来完成这样的记录。

撒沙外婆在森林边的房子，撒沙童年的每个假期都在这里度过。

撒沙养的细钻螺和尖真管螺，它们都是从上海带回来的，很遗憾其中大部分因为不适应北方的天气死掉了，最后只剩下几只生命力特别顽强的小蜗牛，撒沙拜托一夫老师把它们带到苏州放生了。

撒沙养的蜗牛，有好多刚出生的蜗牛宝宝，小得几乎看不见，非常可爱！

撒沙外婆家门外的野草莓，据说有着很浓郁的香味，完全无公害。撒沙说每年到这个季节她和弟弟都能吃个够。

这是撒沙十几岁时画过的蜗牛，这只小蜗牛正在清理自己身上的食物残渣。

这是撒沙养的小蜗牛，创作这本书的一年多时间里，这只小蜗牛跟撒沙形影不离，撒沙在出差时都要把它带在身边。

撒沙小时候在外婆家养的非洲大蜗牛，这种蜗牛体型特别大，生命力也异常顽强！

酢浆草在撒沙外婆家门外随处可见。

这是撒沙跟儿子魏嘉一起收藏的蜗牛壳。

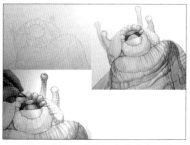

这张图片展示的是蜗牛的牙齿，你知道吗？蜗牛是世界上牙齿最多的动物，足足有两万多颗呢！

这张图展示的是蜗牛的"脚印"，画面里藏有很多只小蜗牛，小朋友们自己认真找一找吧！

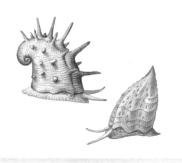

这张图展示的是撒沙最初画的较原始蜗牛的图。

这张图是撒沙最终决定用于正文的图片，只画了线条，让孩子们根据自己的想象涂色。

我眼中的撒沙

谨以此文献给撒沙，
献给所有爱自然、爱孩子的人。

撒沙在我眼里是一个非常非常安静的人，认识她很多年，从来都是那种安安静静的样子。只有在谈到艺术、自然和孩子的时候，才能看到她眼里散发的某种特有的光芒，她其实是一个内心丰富、个性独特、充满激情的女孩。撒沙出生在一个艺术世家，姥姥是著名的插画艺术家，姥爷是油画家，而她的爸爸妈妈都是陶瓷艺术专业的大学教授。从小耳濡目染，让撒沙很早就有了一双会发现美的眼睛。俄罗斯的自然环境非常美，因为地广人稀，自然也得以保留了它最原始的状态，没有被人为破坏。撒沙就是在这样的环境里度过了她的童年，而这段童年经历也在撒沙身上留下了深深印记，影响了她此后的专业选择、爱好和价值观。

对于大自然天生的痴迷和热爱对所有的孩子来讲都是一样的，跨越国界、跨越种族。所以，这套书的最终出现并不是我们突发奇想的结果，而是源于积淀在内心由来已久的对于自然的敬畏和热爱，只是借助于某种专业技能完美地呈现了自己的内心。我很庆幸我们没有把这个想法扼杀在只是想象的阶段，而是开始付出常人难以想象的努力来完成这件事情。从一开始大量的资料搜集到每一个画面的呈现，撒沙投入了她全部的热情。因为白天还要照顾两个孩子，撒沙的工作时间都是安排在夜里12点以后，夜深人静的那几个小时，她经常累得恶心呕吐，那种辛苦自不必说。在此期间，我们多次会面讨论稿子，不放过任何一个细节，还多次请童书专家一起讨论、修改。尽管如此，创作进度还是非常缓慢，对于这段经历，我只能用一句俗语解释——"Rome is not built in a day"。

撒沙小时候的梦想是做一名科学家，后来因为家庭环境的影响，成为了一名艺术家，所以她既有科学家缜密的思维习惯，同时又有艺术家对美独特的感受力。她对科学研究非常着迷，她思维缜密，喜欢透彻地洞悉事物。这套书里很多细节的呈现也是对撒沙这一特质最好的诠释。比如在画到关于较原始蜗牛部分的时候，撒沙查阅了很多资料也没有找到这些蜗牛颜色的准确描述，一开始她画的宽角螺是根据猜测画的土黄色和蓝色的壳。因为最终也没找到准确资料，撒沙不愿意把没有科学根据的东西呈现给孩子，所以又不辞辛苦重新画了一幅没有着色的纯线条图，让孩子们可以根据自己的想象为它涂色。

所有好的童书都应该有真正意义上的道德操守。在撒沙眼里，她所描绘的自然万物都是有生命有尊严的。为了创作《看！蜗牛》这本书，撒沙自己养了很多蜗牛，她把书中的"主角"请回家，陪她和两个孩子一起创作，倾听这些小生命的心声。在撒沙的世界里，她是小蜗牛生命的代言人，她从蜗牛的角度观察世界，体会生命的不易与尊严。在中国，我们常常用害虫还是益虫来给一些小生命贴上标签，但是这样的"好"与"坏"是根据我们人类自己的需要来给它们分类的，是我们人类自私的偏见。对于大自然而言，它们跟我们人类一样有权利生活在这个世界上。所以，在这本书里，我们不做"好"与"坏"的评判，只是本着尊重一切生命的态度来研究它们。这样的人文关怀精神在这套书的很多内容里得以体现，所以，这不单纯是一套自然科普书，更是能让孩子体会人性美好的暖心绘本。

现在生活在都市的孩子已经离大自然越来越远了，每天生活在钢筋水泥大厦里，跟随着城市躁动的节奏参加各种培训班，却缺失了最值得付出童年时光的自然生命教育。看看我们现在生活的世界，农药滥用、资源过度开发已经严重破坏了生态平衡，以前常见的那些小昆虫也慢慢消失不见了，这些发现让我痛心，这也是我们创作《家门外的自然课》这套书的初衷。

借用余光中先生的一段话："孩子，我们让你接触诗歌、绘画、音乐，是为了让你的心灵填满高尚的情趣。这些高尚的情趣会支撑你的一生，使你在最严酷的冬天也不会忘记玫瑰的芳香。"

当我们慢慢长大，有了大人的身体和责任，但与我们灵魂相伴的却永远是那段童年时光，所以，童年时，一个孩子遇到什么、感受到什么往往会影响他的一生。对撒沙来说，也正是她的那段童年经历为她现在的创作提供了充足的生活基础。

我想对于孩子而言，自然跟艺术一样可以滋养他的一生，不管他将来是一名科学家、工程师、商人还是艺术家，他内心深处的那个自然会给他充足的养分，让他漫长的生命旅途中不会因困境而躁动迷失。一个懂得尊重自然、爱护生命的孩子，永远也不会变得太坏。所以，真心希望借由此书可以让孩子爱上自然，启动孩子最本真温暖的一面。

这是撒沙的母亲柳达米拉·纳吉娜在陶瓷片上画的画，非常有女性的柔美气质。

眉子

2016年4月

名家推荐

撒沙的父亲谢尔盖·卢萨高夫先生在圣彼得堡郊区的森林里创作了这幅钢笔风景画。

撒沙的科学图画书首先带给小读者美感。无论是昆虫还是花草，天空还是大地，撒沙总能用画笔展现它们最美好的姿态，让小读者心生亲近之感，渴望去了解自然，触摸自然。在撒沙的书中，总能感受到她给予自然"亲人般的关注"。

撒沙的科学图画书还带给小读者知识。她仿佛牵着孩子们的手，漫步在田园，告诉孩子们："来吧，和我一起来探索！"图文配合，深入浅出，总能把孩子生活中最熟悉的动植物的相关知识介绍得清晰易懂。

撒沙的科学图画书包含着知识、艺术和设计，还有爱心、诗意和美感。更重要的是，她的作品捍卫了孩子那爱发现的眼睛、爱探索的双手和爱思考的大脑！

——王 林（儿童阅读专家）

阅读《看！蜗牛》不仅是增长学识的过程，更是跟随作者撒沙在家门外散步，阅读自然、生命与爱的过程。

——孙慧阳（儿童阅读深耕实践者）

这套绘本的价值，不仅在于大气唯美的画风和别出心裁的游戏设计，更重要的是对孩子生命的教育。撒沙不但以严谨的科学态度创作，更是本着对自然和生命的尊重来完成创作。作品及生活的细节中处处折射出她人性的光辉。

这是一部能让孩子亲近身边的自然并与之和谐相处的经典之作。让孩子在阅读和游戏中接受人性品格的教育。

——老花匠（儿童阅读分享人）

感谢青岛科技大学海洋科学与生物工程学院王硕教授提供古代蜗牛化石资料。

图书在版编目（CIP）数据

看！蜗牛／（俄罗斯）撒沙,何慧颖著；（俄罗斯）撒沙绘. -- 济南：山东科学技术出版社, 2016.5（2025.2 重印）

（家门外的自然课）

ISBN 978-7-5331-8190-1

Ⅰ.①看… Ⅱ.①撒… ②何… Ⅲ.①蜗牛—儿童读物 Ⅳ.①Q959.212-49

中国版本图书馆CIP数据核字(2016)第077860号

家门外的自然课

看！蜗牛

JIAMENWAI DE ZIRANKE

KAN! WONIU

责任编辑： 董小眉
装帧设计： [俄罗斯] 撒沙　董小眉

主管单位：山东出版传媒股份有限公司
出 版 者：山东科学技术出版社
　　　　　　地址：济南市市中区舜耕路517号
　　　　　　邮编：250003　电话：（0531）82098088
　　　　　　网址：www.lkj.com.cn
　　　　　　电子邮件：sdkj@sdcbcm.com
发 行 者：山东科学技术出版社
　　　　　　地址：济南市市中区舜耕路517号
　　　　　　邮编：250003　电话：（0531）82098067
印 刷 者：济南新先锋彩印有限公司
　　　　　　地址：济南市工业北路188-6号
　　　　　　邮编：250101　电话：（0531）88615699

规格：12开（250 mm×250 mm）
印张：3　字数：60千　印数：72 001~75 000
版次：2016年5月第1版　印次：2025年2月第16次印刷
定价：36.00元